U0242974

"玉兔"系列月球车和"长征"系列火箭背后的功臣,是科学家和航天工程师们。探索更遥远的太空,揭示宇宙的奥秘是他们的梦想。

编委会

顾　　　　问：钟 山　叶培建　吴伟仁　吴志坚　王建生
编委会主任：李啸龙
编委会副主任：吴 锋　王 程　袁茂富　吴 杰　葛长刚　李晓红　辜 璐　高 宁　吴 勤　张海峰　曹建中
总　策　划：施 荣　马 倩
审 定 专 家：郑永春
其 他 成 员：田如森　田仙君　姜景一　王亚苹　薛 晏　王 健　魏传锋　张 哲　王 硕　屈昌海　马 晴
　　　　　　　梅丽华　宋晓阳　郭 霖　刘树文　赵 屹　赵晓霞　马 芳　彭建军　王鑫馨　谭吉伟　牛新宇
　　　　　　　张 晶　董潇潇　吴宝梁　张祚天　田笑强　高庆华　钟 晴　王金平　郭丽娟　张传良　陈晓芳
　　　　　　　酒亚光　施 雯　王美懿　元孟楠　张阿丽　陈 亮　张晓意　林淑明　李晓庆　刘靖鑫　彭振忠
　　　　　　　吴晓倩　李 颖

中国航天科工二院二〇八所　航天工业系统第一家科技情报专业研究所，秉承"信息支撑未来"的发展理念，专业领域涵盖科技信息、发展战略、知识产权与标准化、科技出版与传播、科技翻译、科技声像与文化创意、大型会展与科普活动、展览展示工程、信息资源与知识服务、文化传媒、信息化技术、网络安全与运维、通信工程等。依托深厚的专业背景，二〇八所始终坚持激励一代人，打造了一系列特色鲜明的科普出版物与科普活动，用航天精神感染青少年，用航天事业鼓舞青少年，为广大青少年插上了梦想飞天的翅膀。

郭丽娟　中国科普作家协会会员，中国航天科工二院二〇八所《军事文摘》少儿版资深编辑，航天科普活动策划人，与他人合著中国载人航天科学绘本《我想去太空》《飞船升空了》《你好！空间站》。

酒亚光　插画师、设计师，中国科普作家协会美术专业委员会会员，中国载人航天科学绘本《我想去太空》《飞船升空了》《你好！空间站》绘图设计主创。现为北京吸铁猫文化发展有限公司美术总监。

图书在版编目（CIP）数据

带我去月球 / 郭丽娟著；酒亚光绘 . 一北京：北京联合出版公司，2021.4（2023.1 重印）
（带我去月球）
ISBN 978-7-5596-5204-1

Ⅰ．①带… Ⅱ．①郭… ②酒… Ⅲ．①月球探索－儿童读物 Ⅳ．① V1-49

中国版本图书馆 CIP 数据核字（2021）第 062361 号

带我去月球

著　　者：郭丽娟
绘　　者：酒亚光
出 品 人：赵红仕
责任编辑：夏应鹏

北京联合出版公司出版
（北京市西城区德外大街 83 号楼 9 层　100088）
河北彩和坊印刷有限公司印刷　新华书店经销
字数 30 千字　889 毫米 ×1194 毫米　1/16　印张 7.5
2021 年 4 月第 1 版　2023 年 1 月第 4 次印刷
ISBN 978-7-5596-5204-1
定价：135.00 元（全 3 册）

未经许可，不得以任何方式复制或抄袭本书部分或全部内容
版权所有，侵权必究
如发现图书质量问题，可联系调换。质量投诉电话：010-82069336

带我去月球

MOON

郭丽娟·著
酒亚光·绘

北京联合出版公司
Beijing United Publishing Co.,Ltd.

嘿，小伙伴们！我是"玉兔 N 号"，欢迎来到中国文昌卫星发射场。此刻，我正坐在火箭的头部，准备飞向月球。送我上太空的，就是我的好搭档——大名鼎鼎的"长征九号"火箭。

文昌卫星发射场

文昌卫星发射场是中国第一个滨海发射基地，这里不仅风景优美，而且纬度低，靠近赤道，具备优越的地理条件。火箭从这里发射，能够更好地利用地球的自转速度，节省燃料，从而更快地飞向太空。

『长征九号』火箭

和激动、兴奋的我相比，火箭老兄显得气定神闲多了。前些年叱咤风云的"胖五"——"长征五号"已经够厉害了，如今的"长征九号"更是不得了，因为载人登月和火星采样任务都要借助它强大的威力来完成。

水星　金星　地球　火星

木星

土星

天王星

海王星

"长征九号"火箭的威力

目前，中国运载能力最强的火箭是"长征五号"，其近地轨道运载能力约 25 吨。而论证中的"长征九号"是一款重型运载火箭，近地轨道运载能力可在 100 吨以上，是"长征五号"的 5 倍。"长征九号"身高约 100 米，相当于 30 层楼高，箭体直径约为 10 米。

从我的位置往下看，地面工作人员比兔子还小，但就是这些"小兔子"造出了这枚巨大的火箭。在火箭起飞前，他们的压力最大、最辛苦，也最紧张。为了这一天的到来，他们做了很多很多准备。我和火箭都不是出生在海南，我们千里迢迢来到发射场，然后进行组装测试，再垂直转运到达发射塔架发射，整个过程经历了风风雨雨。

火箭的运输

以"长征五号"火箭的运输为例：因为火箭太大了，所以先要分成一段一段装进特种集装箱里，再被吊装到它们的"专属座驾"——"远望号"火箭运输船上，然后才能开始漫漫海上之旅。别看火箭长得很雄伟，其实它很娇贵，运输途中，货舱的温度、湿度、盐度等都需要实时检测和控制。就这样，火箭从天津上船，经过中国沿海一路向南，最后平平安安地到达目的地。抵达文昌后，集装箱卸货，再由运输车将火箭送到发射基地进行总装。

航天是一项系统工程，一枚火箭、一个航天器都是由几万个甚至十几万个元器件组成的。为了保证整个发射任务圆满完成，工程师们要对这么多元器件组成的系统进行测试，看看它们是否能够正常工作，这就要调动很多单位和专家集体攻关。

以"嫦娥五号"为例，研制、设计在北京，生产基地在天津，然后在海南文昌完成总装。从天津到海南，从陆地到海洋，从地球到月球，每个环节都不能有丝毫疏忽。

探测器系统

探测器就像一栋挡风遮雨的移动房，里面安装了很多仪器设备。它们探测月球，并将探测到的结果传回地面。

运载火箭系统

这个系统负责将卫星或探测器运送到一定轨道，从而使它们具备飞向月球的速度。

发射场系统

位于西昌和文昌等地，负责火箭和探测器从总装、测试到发射的工作。"嫦娥一号"至"嫦娥四号"探测器均从西昌卫星发射中心发射升空，"嫦娥五号"则从文昌卫星发射场发射。

"远望号"远洋测控船

测控系统

由位于全国乃至世界各地的地面测控站、海上测控船、深空测控站组成。它们负责监测并操控火箭与探测器。

地面应用系统

负责接收并处理探测器从月球上发回的科学数据和月球样品，组织科学家进行研究，获得新发现。

大伙儿都在为我忙碌，只有我比较悠闲。不知不觉间，美妙的月球之旅在我眼前慢慢浮现出来。

我仿佛已经来到万籁俱寂的月球，头顶是漆黑的天幕和点点的繁星，脚下是松软的月壤，我感觉自己变轻了很多。月面上坑坑洼洼的，我走得小心翼翼。按照科学家和工程师们的指挥，我慢慢举起机械臂，开始勘探……

月球上的脚印

月球上没有大气层。由于没有大气层的保护，月球被小天体砸出了无数个大大小小的撞击坑。也因为没有大气层，月球上没有风雨的侵袭，"阿波罗号"登月时航天员留下的脚印可能会继续存在几千年。

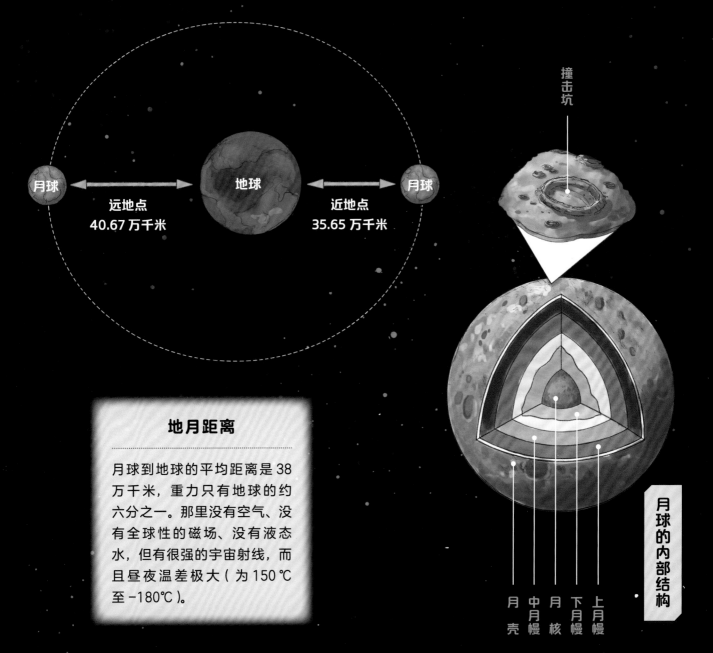

月球

远地点
40.67 万千米

地球

近地点
35.65 万千米

月球

撞击坑

月球的内部结构

月
壳

中
月
幔

月
核

下
月
幔

上
月
幔

地月距离

月球到地球的平均距离是 38 万千米，重力只有地球的约六分之一。那里没有空气、没有全球性的磁场、没有液态水，但有很强的宇宙射线，而且昼夜温差极大（为 150℃ 至 -180℃）。

月壤

在月球表面，覆盖着几米厚的月壤。探测这些月壤，能够揭示月球形成至今的很多奥秘。

早在"玉兔号"月球车诞生前，"嫦娥一号"和"嫦娥二号"探测器就为我们"玉兔家族"登陆月球做了很多准备。

"嫦娥一号"环绕月球飞行，不仅拍摄了世界上覆盖范围最广的第一幅全月球影像图，还获得了世界上第一幅全月球微波图像，发现了很多有意思的现象。

作为"嫦娥一号"的备份，"嫦娥二号"的飞行高度更低，拍摄的全月球影像图更清晰，并且重点考察了位于月球正面、地势平坦的虹湾地区。目的是为"嫦娥三号"带着"玉兔号"选择合适的着陆场，确保它们成功登陆。

"嫦娥一号"飞行轨迹

"嫦娥一号"发射升空后，先是环绕地球经过多次加速，进入地月转移轨道。抵达月球后，又通过数次"刹车"调整轨道高度，才开始绕月探测。

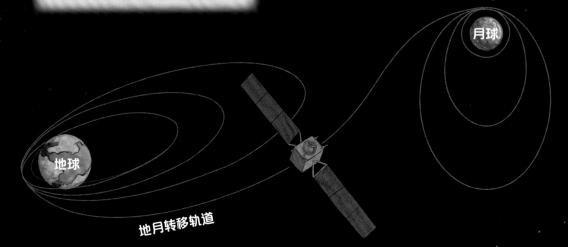

月球

地球

地月转移轨道

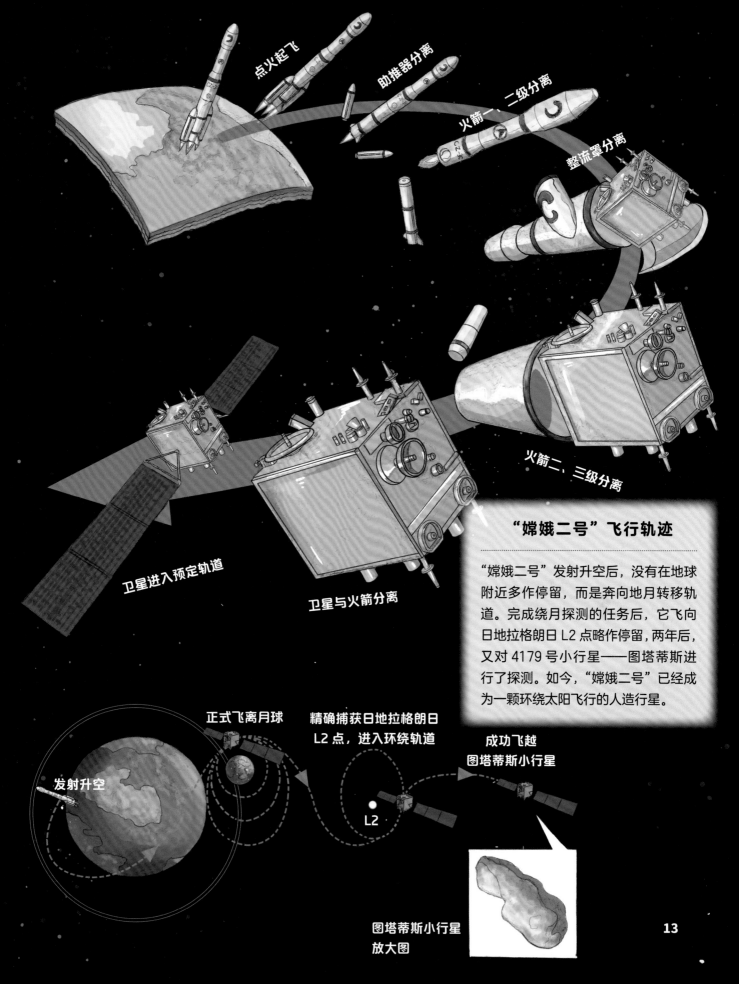

点火起飞

助推器分离

火箭一、二级分离

整流罩分离

火箭二、三级分离

卫星进入预定轨道

卫星与火箭分离

"嫦娥二号"飞行轨迹

"嫦娥二号"发射升空后，没有在地球附近多作停留，而是奔向地月转移轨道。完成绕月探测的任务后，它飞向日地拉格朗日 L2 点略作停留，两年后，又对 4179 号小行星——图塔蒂斯进行了探测。如今，"嫦娥二号"已经成为一颗环绕太阳飞行的人造行星。

正式飞离月球

精确捕获日地拉格朗日
L2 点，进入环绕轨道

成功飞越
图塔蒂斯小行星

发射升空

L2

图塔蒂斯小行星
放大图

13

"玉兔号"月球车
如何从"嫦娥三号"
着陆器上驶向月面?

1

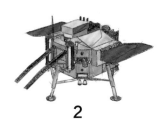

2

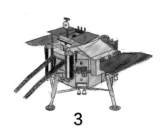

3

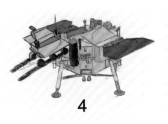

4

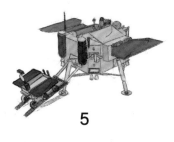

5

『嫦娥三号』的软着陆过程

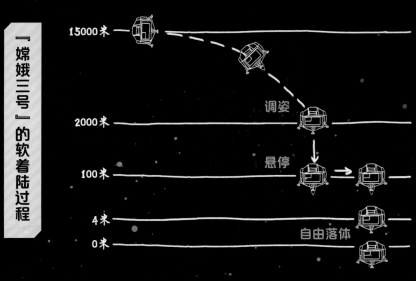

15000米

2000米　调姿

100米　悬停

4米　自由落体

0米

有了先前积累的经验,"嫦娥三号"探测器终于以"软着陆"的方式成功登陆虹湾。在这次任务中,着陆器在探测月球的同时,还要观测星空和地球。

我们的"玉兔号"月球车就更忙碌了,作为中国第一辆月球车,许多未知因素给它带来了严峻的考验。月球昼夜巨大的温差,月球上带电飘浮的月尘,月壤与车轮的摩擦和相互作用,月面的石块和撞击坑……都是"玉兔号"要面临的挑战。

"嫦娥三号"着陆器

好在聪明的科学家和工程师们早有预料，他们为"玉兔号"进行了全副武装：一套防晒、保温的"银色外套"，一对太阳能电池帆板、锂电池和用来夜间保温的放射性热源，六个可以灵活驱动、防打滑、防翻车、能爬坡的车轮。此外，还有导航相机、避障相机、全景相机、机械臂……

有了这些装备，"玉兔号"迈着稳稳的步伐，信心满满地在月面上开始了探测工作。后来，它为人类揭示了很多关于月球地下结构的奥秘，完成了世界上第一幅月球地质结构剖面图。

值得一提的是，"玉兔号"是 20 世纪 70 年代以来成功登陆月球的第一辆月球车，中国也是"阿波罗"时代之后实现月球软着陆的第一个国家。

"玉兔号"月球车

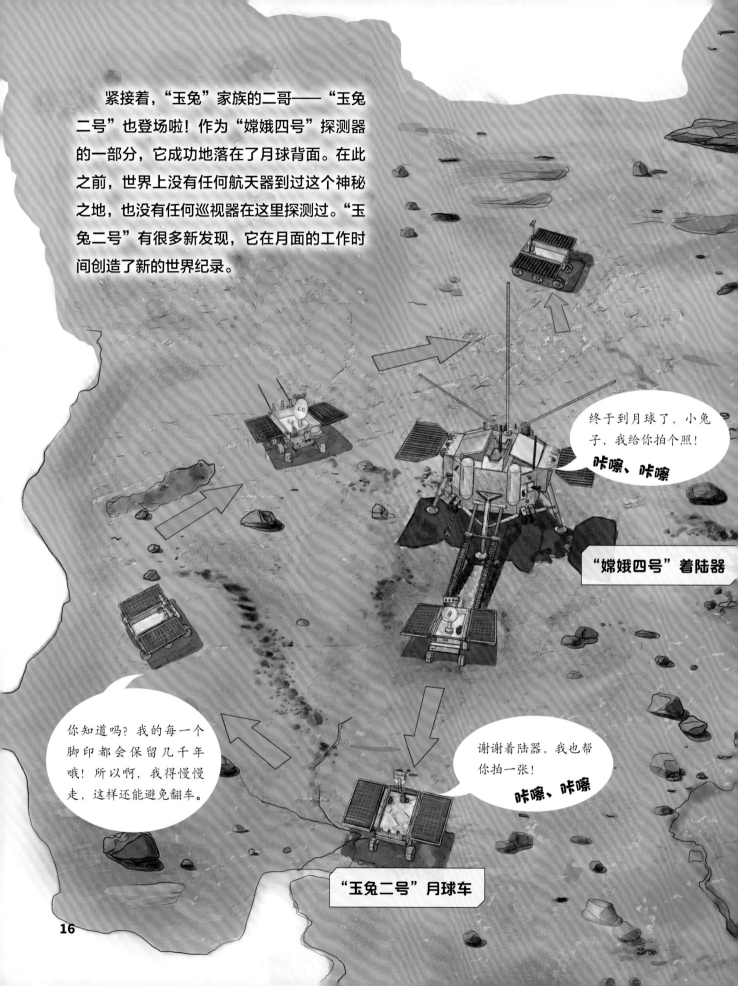

紧接着，"玉兔"家族的二哥——"玉兔二号"也登场啦！作为"嫦娥四号"探测器的一部分，它成功地落在了月球背面。在此之前，世界上没有任何航天器到过这个神秘之地，也没有任何巡视器在这里探测过。"玉兔二号"有很多新发现，它在月面的工作时间创造了新的世界纪录。

终于到月球了，小兔子，我给你拍个照！
咔嚓、咔嚓

"嫦娥四号"着陆器

你知道吗？我的每一个脚印都会保留几千年哦！所以啊，我得慢慢走，这样还能避免翻车。

谢谢着陆器，我也帮你拍一张！
咔嚓、咔嚓

"玉兔二号"月球车

冯·卡门撞击坑

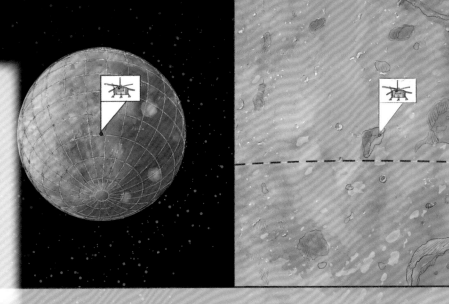

"嫦娥四号"具体降落在月球背面的哪里呢？答案是冯·卡门撞击坑，它位于到目前为止发现的太阳系中最大的盆地——南极艾特肯盆地之中。这里的地形比"嫦娥三号"着陆的地方陡峭些，但是这里的月壳比较薄，更有利于探测器研究月球的内部构造。

"玉兔二号"月球车

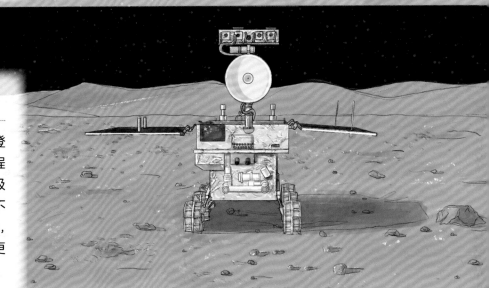

和月球正面相比，在月球背面登陆更困难。不过，科学家和工程师们为月球车进行了酷酷的升级改造。升级版的"玉兔二号"不仅材料更结实、"外套"更隔热，而且能源更有保障，跑起来更安全。

"嫦娥四号"着陆器

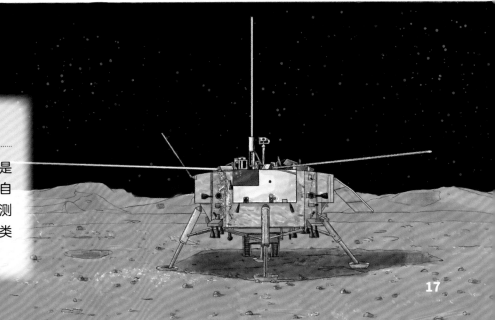

着陆器虽然只能待在原地，但是它也肩负着重要的任务。利用自身携带的仪器，着陆器能够探测到月球背面的辐射，为将来人类建设月球基地做准备。

探测器在月球背面工作还有一个大难题：由于月球围绕地球公转的周期和它自转周期的时间相等，所以月球始终以正面对着地球，地球上的人也无法看到月球的背面。因此，着陆在月球背面的探测器不能直接与地球通信，传输数据。怎么办呢？科学家和工程师们就在地球和月球背面之间搭建了一座"鹊桥"。

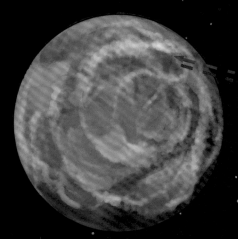

地球

在"玉兔二号"出发的几个月前，"鹊桥"中继卫星先行一步，在月球上空的地月拉格朗日 L2 点当起了接线员。因为位置高远，它既能看到月球背面，又能看到地球，就像在二者之间建起了一座信息联通的"天桥"，可以很好地完成信息中转的任务。有了它的帮助，"玉兔二号"和着陆器就能从月球背面向地球顺利传输信息了。

月球

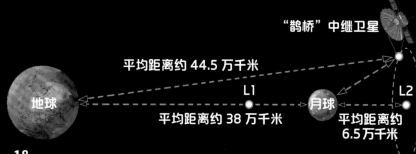

"鹊桥"中继卫星

平均距离约 44.5 万千米

地球 — — — L1 — — → 月球 — — L2

平均距离约 38 万千米　　　平均距离约 6.5 万千米

L2 的动态平衡轨道

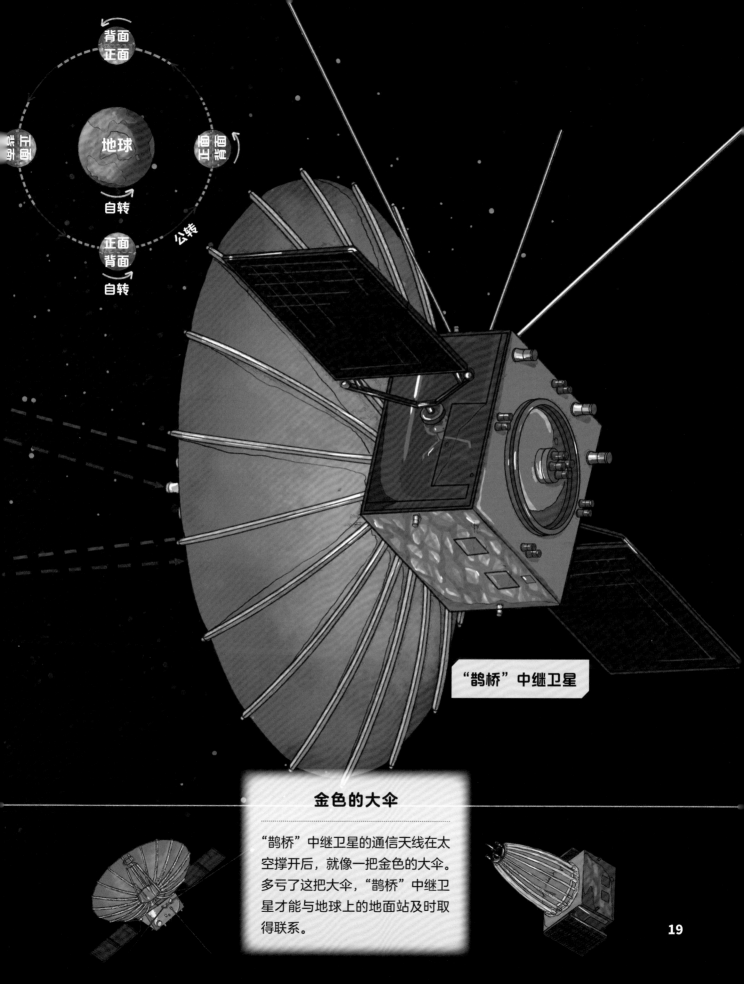

背面
正面

背面
正面

地球

正面
背面

自转

正面
背面

公转

正面
背面

自转

"鹊桥"中继卫星

金色的大伞

"鹊桥"中继卫星的通信天线在太
空撑开后，就像一把金色的大伞。
多亏了这把大伞，"鹊桥"中继卫
星才能与地球上的地面站及时取
得联系。

通过科学家和工程师们的努力，探测器不仅能够实现绕月飞行，给月球进行遥感拍照，还能落到月球表面进行实地考察。接下来，他们准备让"嫦娥五号"探测器在月球上采集一些土壤和岩石样本，然后带回地球研究。

不过，这次到月球采样并返回的任务，由着陆器和新的小伙伴（上升器、返回器和轨道器）来完成。由于座舱空间有限，"玉兔"月球车没有一同前往。讲到这里，大推力火箭"胖五"——"长征五号"又要隆重出场了，只有它才能把构造复杂的"嫦娥五号"探测器送入太空！

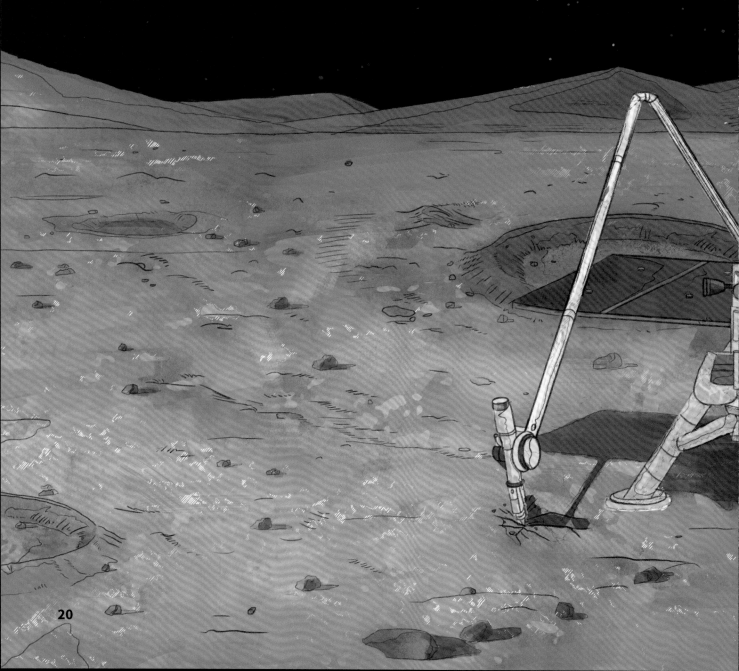

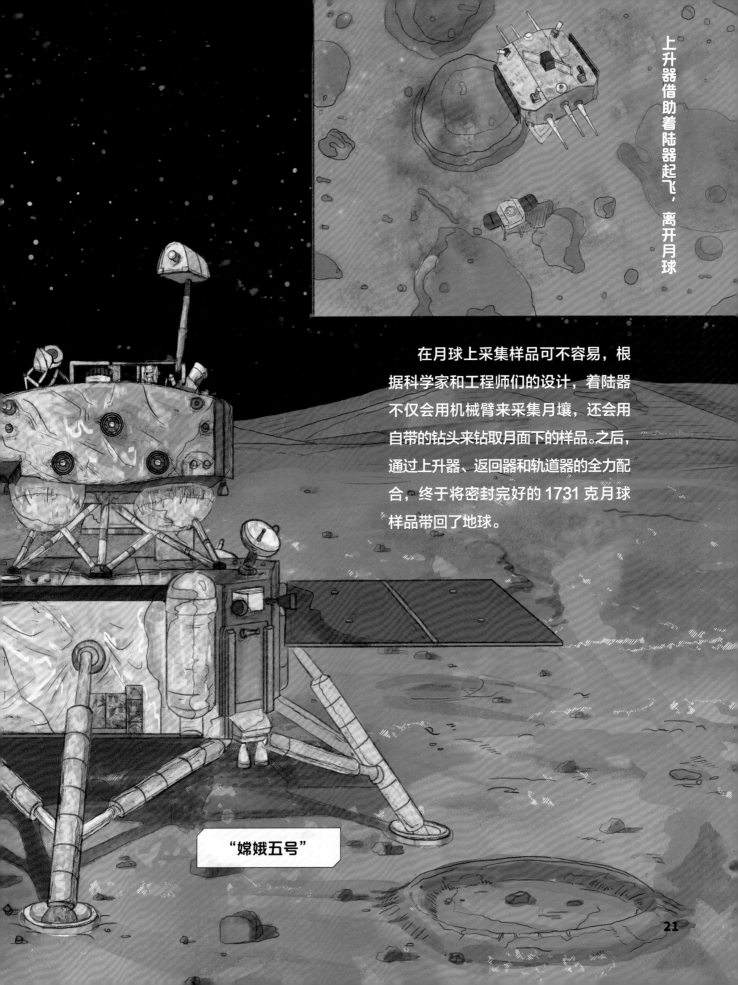

在月球上采集样品可不容易，根据科学家和工程师们的设计，着陆器不仅会用机械臂来采集月壤，还会用自带的钻头来钻取月面下的样品。之后，通过上升器、返回器和轨道器的全力配合，终于将密封完好的 1731 克月球样品带回了地球。

"嫦娥五号"

21

你知道吗？科学家们不仅正在探测月球的奥秘，更遥远的火星、木星、小行星也是他们希望了解的目标。因此，"胖五"把火星探测器"天问一号"送上了太空，经过 7 个月的飞行进入了火星轨道。

"天问一号"进入太空，展开太阳帆板飞向火星。

在这次任务中，"天问一号"不仅会环绕火星轨道进行探测，还会软着陆到火星表面，释放"祝融号"火星车，进行巡视与勘察工作。

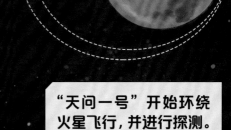

"天问一号"开始环绕火星飞行，并进行探测。

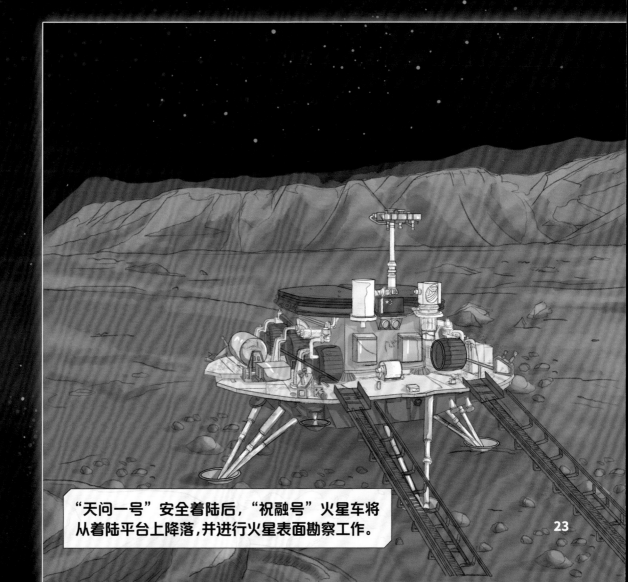

"天问一号"安全着陆后，"祝融号"火星车将从着陆平台上降落，并进行火星表面勘察工作。

还记得我吗？我是"玉兔N号"月球车。我的发射时间终于到了，这次我要去的地方是月球的南极。那里不仅光照时间长，而且听说在一些深坑里还有水冰呢！科学家和工程师们要在那里建一座月球科研站，我的任务就是先到那里进行勘察，为将来建设月球基地和载人登月打下基础。祝我好运吧！

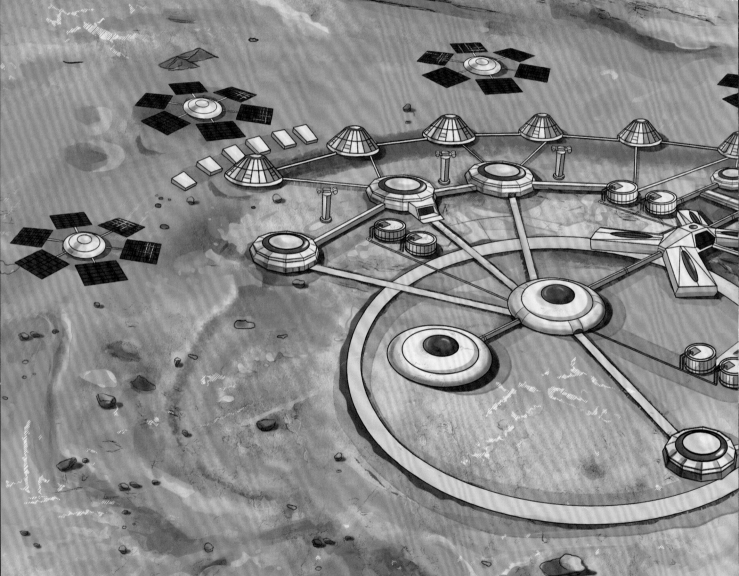

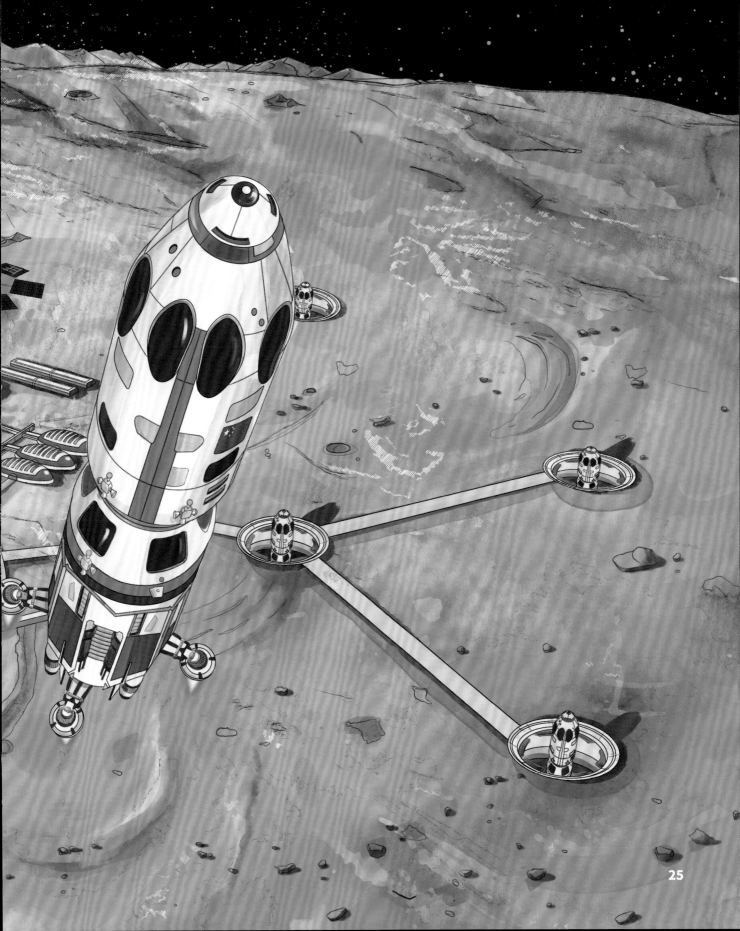

你好！我是地面站的一位航天工程师。这段时间，"玉兔 N 号"一直在月球的南极忙碌地巡视。它知道，很多小朋友也想像它一样到月球上去工作，所以它请我给大家讲讲航天员在登月前要做哪些准备。

首先，只有经过严格的选拔与训练，你才能成为一名合格的航天员。早期的航天员都是从战斗机的飞行员中进行选拔的，他们本身就具备卓越的专业技能、过硬的心理素质和强健的体魄。即便这样，为了飞向太空，他们还要进行几十项更为严苛的专业训练。

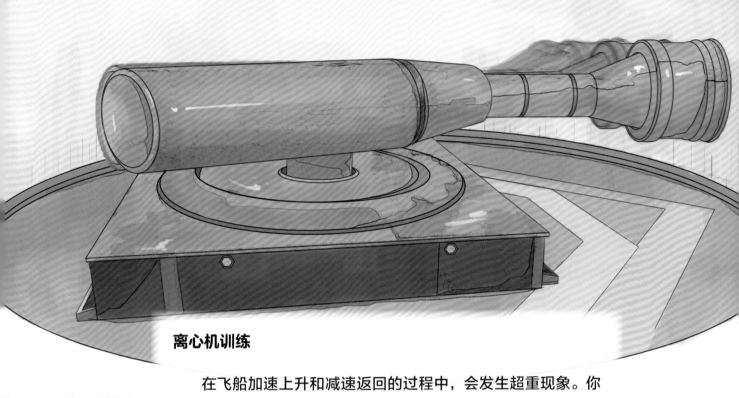

离心机训练

在飞船加速上升和减速返回的过程中，会发生超重现象。你的身体会承受自身重量几倍的压迫感，大脑因缺血而头晕，心跳也会加速。通过高速旋转的离心机训练，能够增强你对超重的承受力。

体能训练

太空环境最主要的特点就是失重，在太空飞船里，你可以像鱼儿一样自由游动。但是，如果在这种环境下长期生活和工作，由于不再需要负重，会导致出现骨质疏松、肌肉萎缩等问题。跑步、举重等体能训练，能帮助你的身体对抗失重。

出舱训练

　　飞船内部的大气压和地面上的没有差别，飞船外部则是真空环境。你乘坐飞船抵达月球后，要通过气闸舱进行中转、待气闸舱放气后才能登陆月面。返回时，如何打开舱门并顺利进入飞船，也需要经过提前训练。

操作训练

　　在太空开飞船当然非常酷炫！不过，你要牢记每一个飞行程序，能够熟练地操作并准确无误地完成每一项任务。针对专业技术的学习，将贯穿在你的日常训练中。

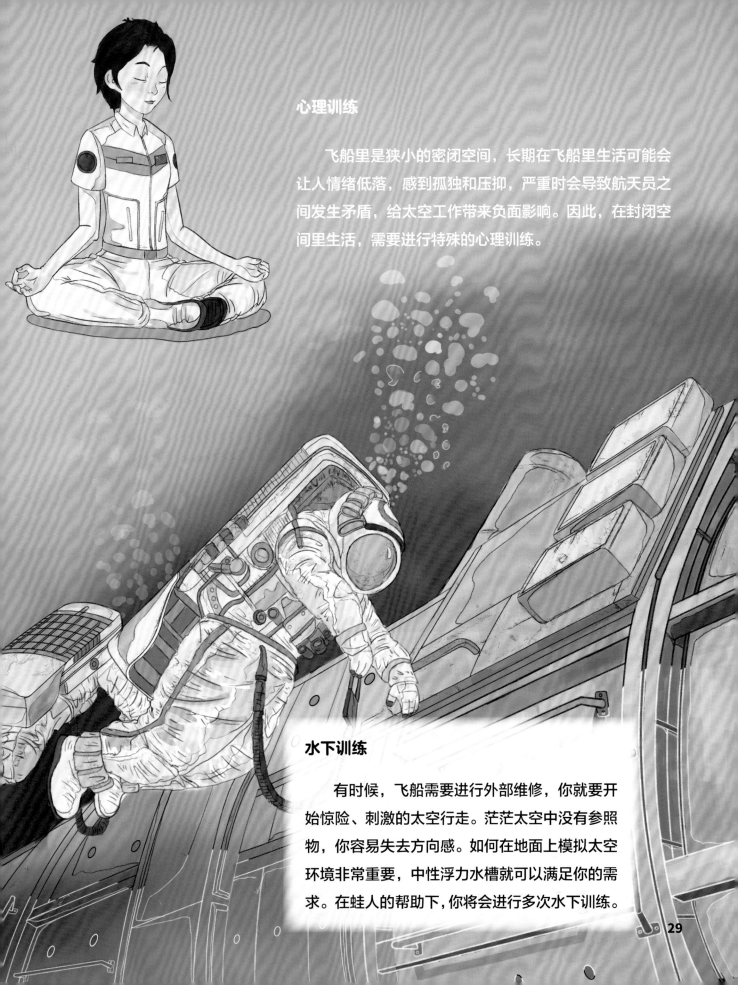

心理训练

　　飞船里是狭小的密闭空间，长期在飞船里生活可能会让人情绪低落，感到孤独和压抑，严重时会导致航天员之间发生矛盾，给太空工作带来负面影响。因此，在封闭空间里生活，需要进行特殊的心理训练。

水下训练

　　有时候，飞船需要进行外部维修，你就要开始惊险、刺激的太空行走。茫茫太空中没有参照物，你容易失去方向感。如何在地面上模拟太空环境非常重要，中性浮力水槽就可以满足你的需求。在蛙人的帮助下，你将会进行多次水下训练。

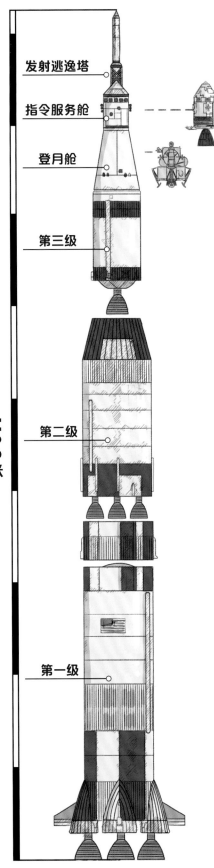

发射逃逸塔

指令服务舱

登月舱

第三级

第二级

第一级

110.6 米

成为航天员后，还要为登月做哪些准备呢？正式发射前，登月航天员要在飞船上进行长期的模拟训练，以应对突发情况。

下面我们就以人类第一次登月乘坐的"阿波罗号"飞船为例，展示一下飞船的结构。

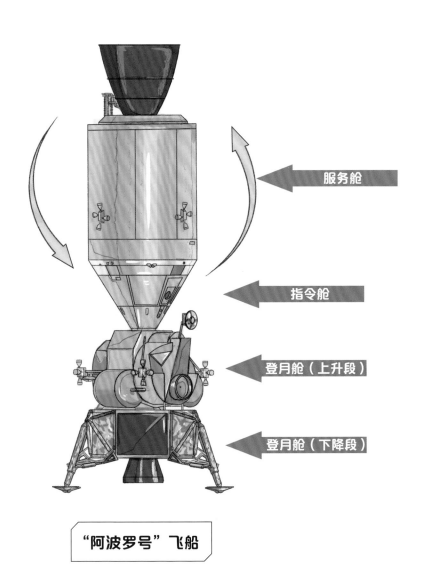

服务舱

指令舱

登月舱（上升段）

登月舱（下降段）

"阿波罗号"飞船

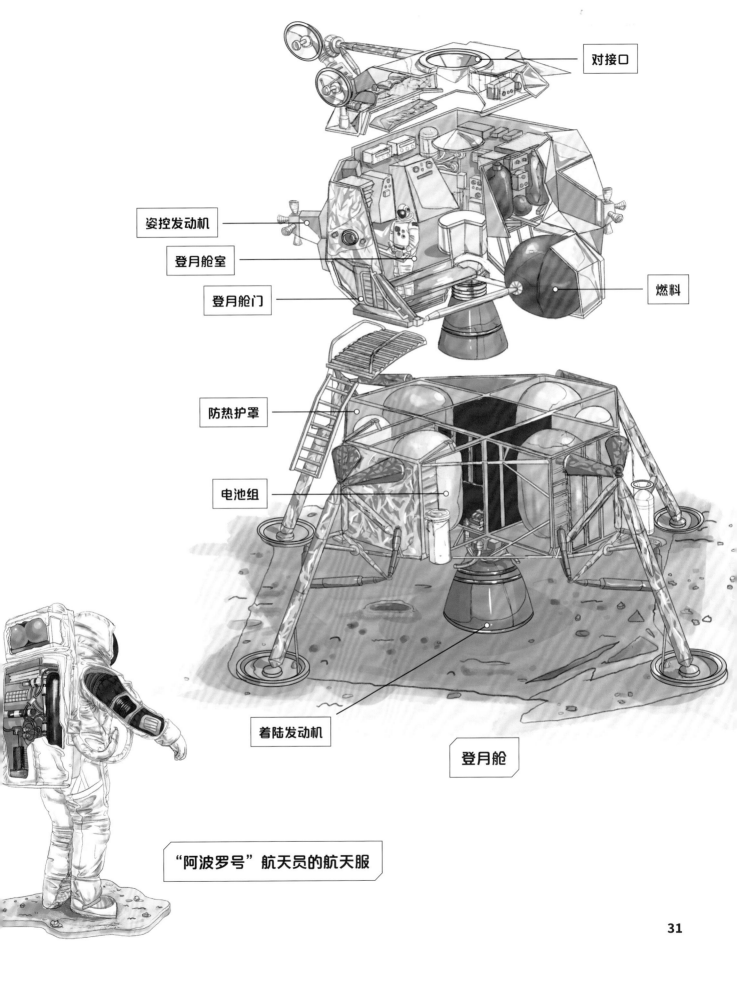

对接口

姿控发动机

登月舱室

登月舱门

燃料

防热护罩

电池组

着陆发动机

登月舱

"阿波罗号"航天员的航天服

最后，我们再以人类历史上第一次登月之旅为例，给大家再现一下登月的复杂步骤吧！